La gymnastique faciale

Photos: Cory Sorensen et Antoine Bonsorte
Illustrations: Amy-Zone
Infographie: Chantal Landry

**Catalogage avant publication de
Bibliothèque et Archives Canada**

Pez, Catherine

La gymnastique faciale:
la méthode pour garder un beau visage naturel

1. Face – Exercices. I. Titre.

RL87.P49 2006   646.7'26   C2006-941115-8

Pour en savoir davantage sur nos publications,
visitez notre site: **www.edhomme.com**
Autres sites à visiter: www.edjour.com
www.edtypo.com • www.edvlb.com
www.edhexagone.com • www.edutilis.com

06-06

Dépôt légal: 2006
Bibliothèque et Archives nationales du Québec

ISBN 10: 2-7619-2281-6
ISBN 13: 978-2-7619-2281-4

DISTRIBUTEURS EXCLUSIFS:

• Pour le Canada et les États-Unis:
MESSAGERIES ADP*
955, rue Amherst
Montréal, Québec H2L 3K4
Tél.: (514) 523-1182
Télécopieur: (450) 674-6237
* Filiale de Sogides ltée

• Pour la France et les autres pays:
INTERFORUM
Immeuble Paryseine, 3, Allée de la Seine
94854 Ivry Cedex
Tél.: 01 49 59 11 89/91
Télécopieur: 01 49 59 11 33
Commandes: Tél.: 02 38 32 71 00
              Télécopieur: 02 38 32 71 28

• Pour la Suisse:
INTERFORUM SUISSE
Case postale 69 - 1701 Fribourg - Suisse
Tél.: (41-26) 460-80-60
Télécopieur: (41-26) 460-80-68
Internet: www.havas.ch
Email: office@havas.ch
DISTRIBUTION: OLF SA
Z.I. 3, Corminbœuf
Case postale 1061
CH-1701 FRIBOURG
Commandes: Tél.: (41-26) 467-53-33
              Télécopieur: (41-26) 467-54-66
              Email: commande@ofl.ch

• Pour la Belgique et le Luxembourg:
INTERFORUM BENELUX
Boulevard de l'Europe 117
B-1301 Wavre
Tél.: (010) 42-03-20
Télécopieur: (010) 41-20-24
http://www.vups.be
Email: info@vups.be

Gouvernement du Québec – Programme de crédit d'impôt
pour l'édition de livres – Gestion SODEC –
www.sodec.gouv.qc.ca

L'Éditeur bénéficie du soutien de la Société de développement des entreprises culturelles du Québec pour son
programme d'édition.

Nous reconnaissons l'aide financière du gouvernement
du Canada par l'entremise du Programme d'aide au
développement de l'industrie de l'édition (PADIÉ) pour
nos activités d'édition.

Catherine Pez

La gymnastique faciale

La méthode pour
garder un beau
visage au naturel

LES ÉDITIONS DE
L'HOMME

TABLE DES MATIÈRES

PRÉFACE

Lutter contre le vieillissement cutané est devenu, dans notre société, du fait de l'accroissement et de la durée de vie, une préoccupation majeure.

La chirurgie esthétique, dite de rajeunissement, en réalité de « remise en état antérieur », joue un rôle très important dans cette lutte.

Elle s'intègre dans un contexte global qui comprend les règles hygiéno-diététiques – absence de tabac, précautions à l'exposition solaire, etc. – et les soins cosmétiques fondés sur les crèmes de beauté hydratantes. Le fait d'y adjoindre la gymnastique faciale ne peut que nous aider à prévenir les altérations du temps.

Le livre de Catherine Pez propose des exercices simples et praticables par tous, illustrés de planches anatomiques qui indiquent les muscles en action.

Un ouvrage clair, riche et novateur.

Dᴿ Bertrand Matteoli,
chirurgien plasticien

AVANT-PROPOS

Notre visage a une structure particulière que nous devons à notre patrimoine génétique, à notre ossature, mais aussi à l'état des muscles sous-jacents. Or, on oublie souvent que plus de 50 muscles composent la structure de la face et déterminent en partie son apparence. Leur rôle est aussi important que celui des muscles du reste du corps qui soutiennent le squelette et le mettent en mouvement.

Par ailleurs, il n'est pas inconcevable d'imaginer des exercices destinés à développer, à assouplir ou à raffermir la musculature du visage, comme on le fait pour le corps. C'est la gymnastique faciale.

Hélas! avec l'âge, on assiste à des phénomènes d'altération plus ou moins importants. L'élasticité, la tonicité et l'éclat de la peau diminuent. Les traits s'affaissent, les pommettes se vident, les joues se transforment en bajoues, les paupières se relâchent. Et, les rides d'expressions, inévitables, profitent de ces déficits en collagène pour creuser leur lit.

Ce tableau, loin d'être idyllique, conduit souvent les femmes à envisager la chirurgie esthétique, mais il est tout à fait possible de retarder cette éventualité. Comment? Par la pratique de la gymnastique faciale.

EFFET DE LA GYMNASTIQUE SUR LA PEAU ET LES MUSCLES DU VISAGE

LA GYMNASTIQUE FACIALE consiste en une série d'exercices appropriés dont le but est de maintenir la forme des muscles du visage, principalement là où nous en avons le plus besoin. Il peut s'agir de corriger un ovale défaillant ou de déplisser le tour des lèvres, d'ouvrir le regard ou d'effacer un double menton, etc. En fait, vous le verrez, tout est possible.

D'abord, nous allons nous appuyer sur les muscles qui forment la structure et la base de notre visage et de notre expression. De la même manière que nous entraînons notre corps par des exercices pour muscler le ventre, par exemple, nous allons «entraîner» notre visage, et cette action sur les muscles devrait retarder, voire enrayer les affaissements de la peau de la face.

Avec le temps, nous l'avons dit, les fibres de la peau s'atrophient peu à peu. Le derme sécrète de moins en moins d'élastine et de collagène, et puis la diminution des hormones féminines aggrave la situation. Heureusement, la gymnastique faciale accroît le volume et le tonus des fibres musculaires du visage, stimule la circulation sous-cutanée. Ainsi, stimulée par ces exercices, la peau rosit, devient plus ferme, et moins sèche ou moins grasse.

Plus vous pratiquerez ces exercices, plus vous constaterez leurs effets bénéfiques sur la tonicité de la peau et l'éclat du teint. Ils amélioreront même l'efficacité de vos crèmes.

La gymnastique faciale est efficace, sûre et si simple qu'il serait dommage de s'en priver. De plus, elle apporte une satisfaction intellectuelle très valorisante, celle d'utiliser au mieux les bienfaits de la nature, et cette sensation se compare à ce qu'on éprouve quand on pratique un sport assidûment ou que nous menons à bien tout travail sur soi.

S'en remettre à un plasticien est un acte passif, mais pratiquer la gymnastique faciale est un acte volontaire qui nous responsabilise et nous motive, ce qui justifie amplement les cinq minutes quotidiennes que nous allons lui consacrer.

PREMIÈRE PARTIE

LA MÉTHODE

CE LIVRE consiste en une méthode d'exercice facile et efficace illustrée de planches anatomiques des muscles du visage. Les exercices sont toujours destinés à renforcer certains muscles bien identifiés.

Au début, faites les exercices au moins dix fois de suite pour comprendre exactement la fonction du muscle et son effet sur la peau. Vous devrez faire preuve de persévérance, du moins au commencement, pour rendre à vos muscles leur tonicité perdue, et les résultats pourraient varier selon les individus. Pour certaines femmes, trois séances suffiront ; pour d'autres, il en faudra dix.

Quoi qu'il en soit, au bout du compte le résultat sera spectaculaire !

Quand vous maîtriserez bien la technique, faites les exercices jusqu'au moment où le muscle « chauffera », c'est-à-dire qu'il produira de la chaleur en travaillant. C'est à cela que vous mesurerez l'efficacité de l'exercice. Pour y arriver, il faut *visualiser la région que l'on veut faire travailler.* Il s'agit donc d'adopter une bonne position *face à une glace* (la bonne position étant celle où vous vous sentez le mieux pour faire les exercices, et cela peut être debout devant la glace, assise ou même allongée, pourvu que la tête soit dans le prolongement du cou).

Par la suite, quand vous posséderez bien la technique, vous n'aurez plus besoin du miroir et vous pourrez faire les exercices n'importe où, jusque dans votre voiture lors d'un long trajet. Le seul risque, c'est que les autres automobilistes vous croient affublée de tics nerveux !

NOTIONS D'ANATOMIE

« Connaître, c'est savoir. »

Quelques notions d'anatomie de la face sont indispensables pour mieux comprendre l'action des muscles et les bienfaits que nous pouvons en tirer.

D'abord, sachons que le visage se divise en trois zones : le tiers inférieur mandibulaire ; le tiers moyen maxillo-naso-zygomatique ; et le tiers supérieur orbito-frontal.

LE TIERS INFÉRIEUR MANDIBULAIRE

L'exercice des muscles du bas de la face affinera le menton et l'ovale du visage, creusera les joues, gonflera les lèvres et raffermira la peau du cou.

Les muscles principaux sont le platysma (peaucier du cou), les orbiculaires de la bouche, le mentonnier, les buccinateurs, les masséters et les abaisseurs des angles de la bouche.

LE TIERS MOYEN MAXILLO-NASO-ZYGOMATIQUE

L'exercice de ces muscles sculptera les pommettes, regarnira l'espace sous les orbiculaires, évitera les pattes d'oies et les sillons naso-géniens.

Les muscles concernés sont les zygomatiques majeurs et mineurs, les buccinateurs dans leur partie haute, les masséters, les releveurs de la lèvre supérieure, le risorius, les transverses du nez.

LE TIERS SUPÉRIEUR ORBITO-FRONTAL

L'exercice de ces muscles préviendra la fameuse ride du lion (entre les sourcils), ouvrira l'œil et tendra la paupière supérieure, dégonflera la paupière inférieure, raffermira la partie latérale du haut du visage et atténuera les pattes d'oie.

Les muscles principaux sont les orbiculaires des paupières, les temporaux, l'occipito-frontal et les corrugateurs des sourcils.

LES PRINCIPAUX MUSCLES DU VISAGE

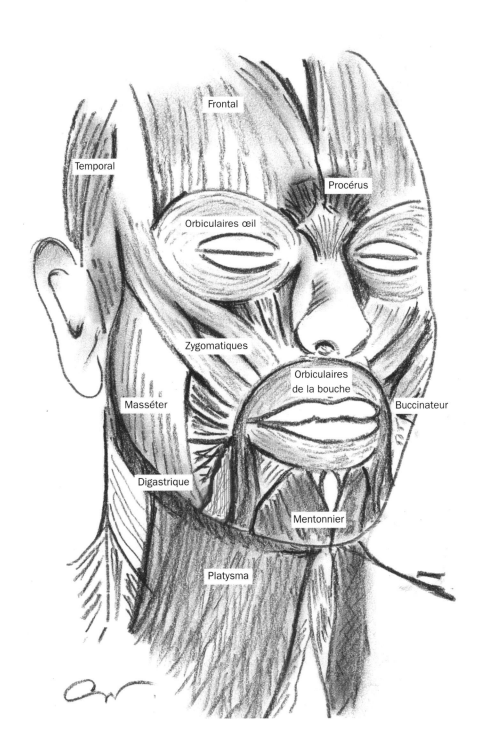

Frontal

Temporal

Procérus

Orbiculaires œil

Zygomatiques

Orbiculaires
de la bouche

Masséter

Buccinateur

Digastrique

Mentonnier

Platysma

LES DIFFÉRENTS MUSCLES DU VISAGE

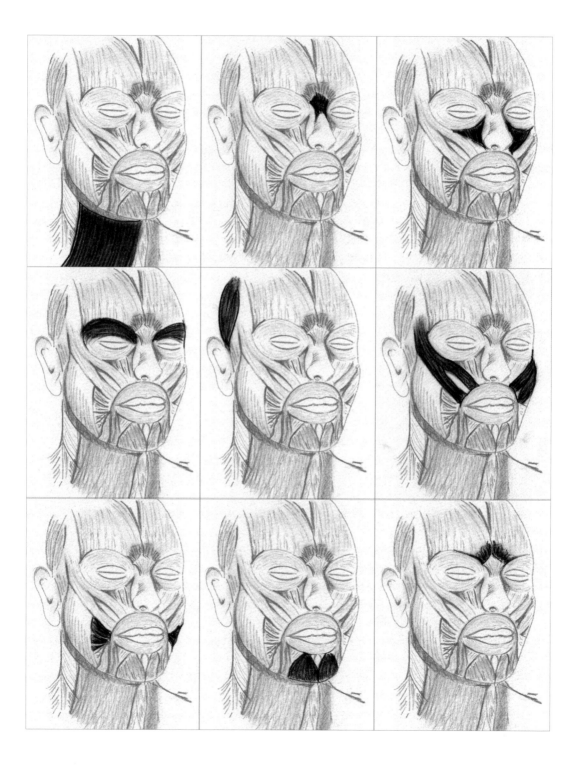

LE BAS DU VISAGE

LES EXERCICES suivants sont très importants, car ils déterminent l'ovale du visage et permettent de remonter les traits, ce qui produira une impression de fraîcheur et de jeunesse.

Ces exercices touchent le cou, le menton et le tour de la bouche, mais ils ne seront efficaces que si vous les pratiquez assidûment. Même si vous deviez passer quelque temps sans les faire, sachez que le muscle retrouvera rapidement sa tonicité dès que vous vous y remettrez.

Compte tenu de l'effet spectaculaire que peut produire cet entraînement, il serait dommage de ne pas consacrer quelques minutes par jour à raffermir votre visage pour redonner à vos traits l'apparence que les années, l'abus de la cigarette et du soleil, ou de mauvaises habitudes ont altérée.

1 BAS DU VISAGE
Muscle platysma

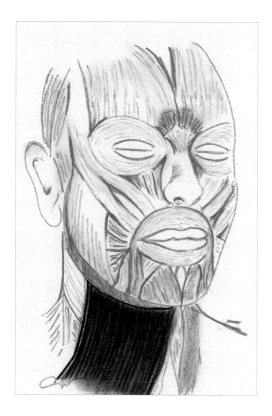

Nous allons commencer par le bas du visage : le cou et le menton. Le principal muscle concerné est le platysma. Il fera travailler la mâchoire inférieure et le menton jusqu'aux pectoraux.

ACTION
L'exercice consiste à tendre ce muscle au maximum.

En faisant cet exercice devant la glace, vous verrez nettement la tension du platysma et des ligaments sous la peau.

MÉTHODE
Devant la glace, tête bien droite, entrouvrez la bouche et forcez sur le bas du visage, comme on le montre sur la photo.

Vous devez voir les ligaments du platysma saillir sous la peau. Ce faisant, la bouche est entraînée vers le bas du visage.

Répétez cet exercice dix fois, en forçant au maximum.

2 OVALE DU VISAGE
Muscle digastrique

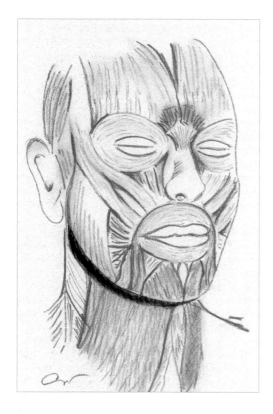

Un petit muscle passe sous le menton, suit la mâchoire et s'accroche derrière l'oreille : le digastrique. Ce muscle est très important, car il participe grandement au soutien du plancher de la langue et du menton.

ACTION
Cet exercice renforce l'ovale du visage et aide à faire disparaître le double menton.

MÉTHODE
De profil, bouche ouverte, appuyez très fortement le dessous du menton sur le poing, tel qu'illustré. Le mouvement doit repousser le poing le plus loin possible vers le bas.

Répétez cet exercice dix fois, jusqu'au moment où vous ressentirez une intense crispation.

Autre exercice stimulant le même muscle et ayant un effet analogue : appuyez avec force la langue contre le palais, dix fois.

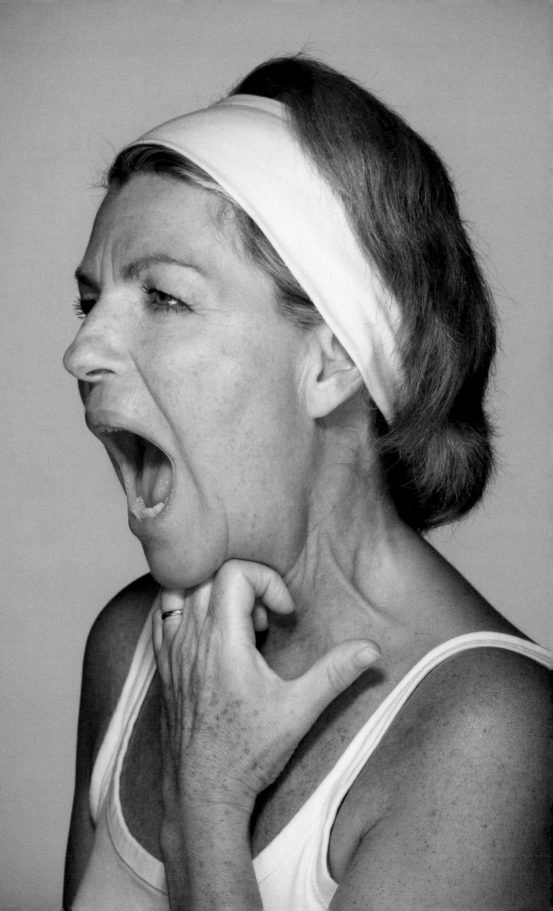

3 DOUBLE MENTON
Muscle digastrique

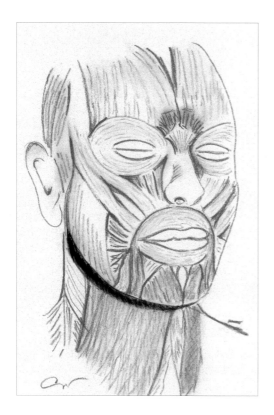

En faisant appel de nouveau au muscle digastrique, faites travailler le plancher de la langue en l'étirant au maximum.

ACTION
Cet exercice prévient le double menton et renforce le bas du visage.

MÉTHODE
De face, la tête droite, les épaules abaissées et souples, tirez la langue le plus loin possible vers l'avant, la bouche grande ouverte. Ce faisant, la mâchoire se rapproche du cou.

CONSEIL
Répétez dix fois l'exercice en tentant de garder votre sérieux, mais pour cela il faut s'exercer toute seule!

OVALE DU MENTON
Abaisseurs de l'angle de la bouche

4

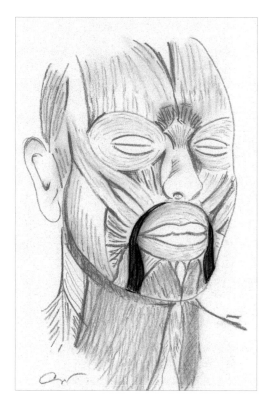

De chaque côté du menton, rejoignant les muscles orbiculaires de la bouche, se trouvent les muscles abaisseurs de l'angle des lèvres.

ACTION
En stimulant ces muscles, vous corrigerez l'ovale du menton.

MÉTHODE
Face à la glace, abaissez les coins externes de la bouche, comme si vous faisiez la moue. Exagérez au maximum cette grimace. Vous verrez le menton se contracter sous l'effet du travail du muscle.

CONSEIL
Répétez l'exercice dix fois.

5 BAJOUES ET CONTOUR DU VISAGE
Abaisseurs de la lèvre inférieure

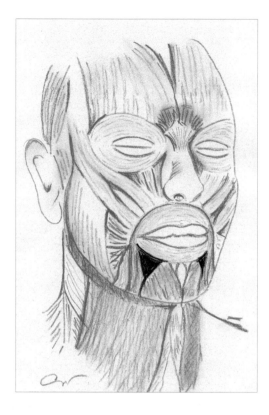

Nous avons sous la lèvre inférieure un faisceau de petits muscles symétriques par rapport au muscle du menton : les abaisseurs de la lèvre inférieure.

ACTION
Cet exercice renforcera la musculature du bas du visage et redessinera le menton à l'endroit des «bajoues».

MÉTHODE
Face à la glace, observez bien votre bouche.

En tenant la mâchoire fermée, abaissez la lèvre inférieure en évitant de bouger le reste de la bouche. Vous devez apercevoir la rangée inférieure de vos dents.

CONSEIL
Soyez souple et évitez de forcer les commissures des lèvres.

Seule la lèvre inférieure travaille.

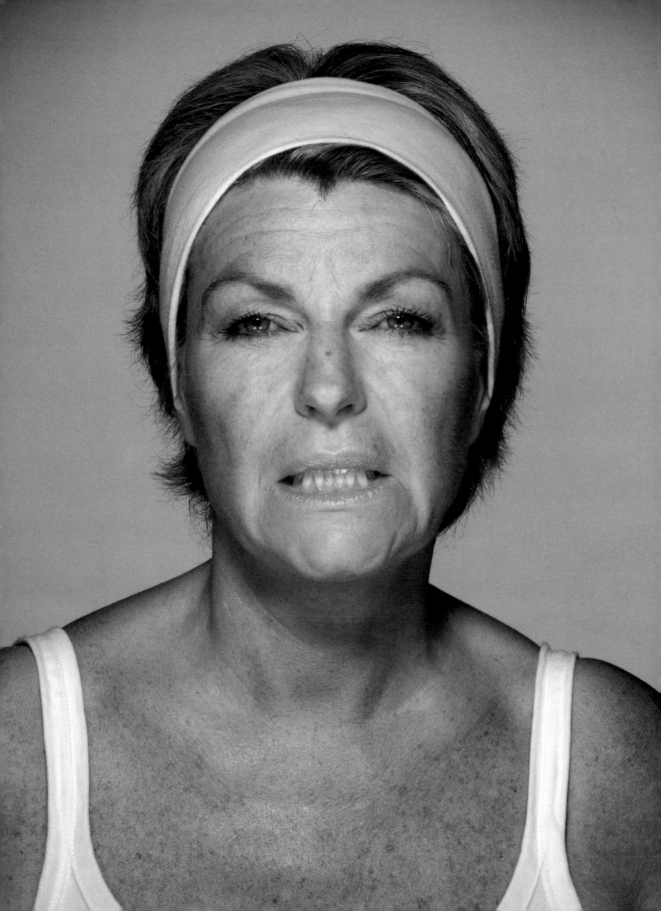

6 MENTON
Muscle mentonnier

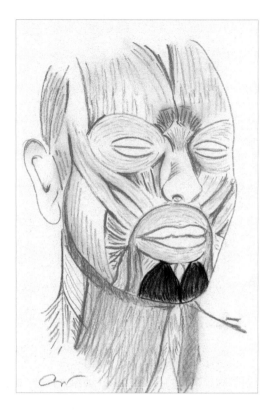

Toujours dans le but d'améliorer le bas du visage et d'en raffermir les contours, vous exercerez le muscle mentonnier, qui s'insère sous la lèvre inférieure jusqu'à la pointe du menton.

ACTION
Le menton sera raffermi par ce mouvement.

MÉTHODE
Il s'agit de remonter le bas du menton vers la lèvre inférieure.

Conservez cette position durant quelques secondes, puis relâchez les muscles.

CONSEIL
Cet exercice ressemble au précédent, cependant il s'agit ici d'activer le muscle mentonnier seulement: c'est donc le menton qui remonte, et non les angles des lèvres qui s'abaissent.

À faire plusieurs fois de manière à percevoir la différence.

7 CONTOUR DES LÈVRES
Muscles orbiculaires de la bouche

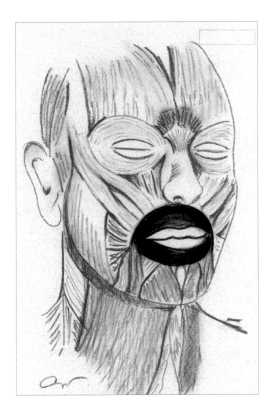

Une fois que le bas du visage aura été bien stimulé par la série d'exercices précédents, vous ferez travailler les muscles qui entourent la bouche, les muscles orbiculaires de la bouche.

ACTION
Cet exercice regonfle le tour des lèvres et efface ainsi les rides et ridules.

MÉTHODE
Face à la glace, observez bien la bouche, puis pressez fermement les lèvres l'une contre l'autre. Exagérez le mouvement.

CONSEIL
Faites cet exercice dix fois. Vous devez voir le tour des lèvres se gonfler.

8 RENDRE LES LÈVRES PULPEUSES
Muscles orbiculaires de la bouche

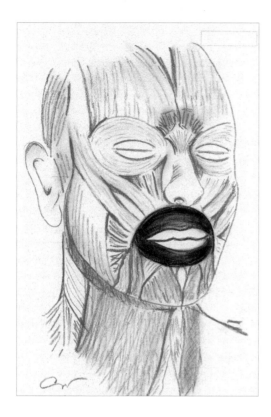

Cet exercice concerne toujours les muscles orbiculaires de la bouche.

ACTION
Grâce à cet exercice, vous rendrez vos lèvres plus charnues.

MÉTHODE
Pressez les lèvres en les poussant vers l'avant exagérément, comme si vous vouliez donner un baiser.

Maintenez une tension maximale, comme si les deux narines allaient se rejoindre.
Relâchez les muscles.

CONSEIL
Faites dix fois cet exercice. Arrêtez-vous quand la crispation est trop forte.

LE MILIEU DU VISAGE

LES MUSCLES du milieu du visage sont responsables de ce que j'appelle la «mimique», c'est-à-dire l'expression, et définissent la morphologie faciale qui nous est propre.

Nous pouvons avoir un visage ovale, rond, triangulaire ou en diamant, et cette morphologie dépend en grande partie des petits et des grands zygomatiques, muscles rubanés qui s'étendent obliquement des pommettes aux commissures des lèvres et qui participent à l'harmonie et à la structure du visage.

Les muscles releveurs de la lèvre supérieure se trouvent aussi dans cette région et jouent un rôle important dans la qualité du sourire.

Exercer ces muscles du milieu du visage est important pour améliorer la structure de la face, étirer vers le haut les pommettes, arrondir les joues et détendre les paupières.

1 POMMETTES
Muscles zygomatiques

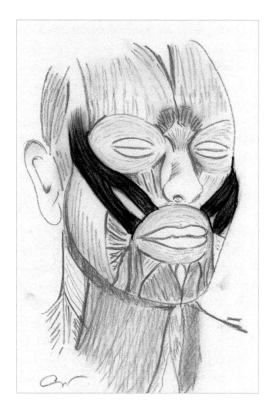

Les petits et les grands zygomatiques sont des muscles puissants très sollicités lors de la mastication et du rire.

ACTION
Travailler les muscles zygomatiques favorisera une pommette haute et ferme.

MÉTHODE
Face à la glace, étirez la bouche ouverte dans un très large sourire en relevant le plus possible les coins externes.

CONSEIL
Comme d'habitude, n'hésitez pas à exagérer le mouvement et maintenez la tension durant dix bonnes secondes.

À faire aussi souvent que vous le souhaitez, car cet exercice est souverain pour remonter les traits.

2 SILLONS NASO-GÉNIENS
Muscles releveurs de la lèvre supérieure

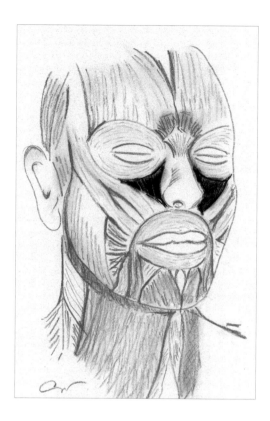

Entre les muscles orbiculaires de la bouche et des paupières se trouve un faisceau de petits muscles : les releveurs de la lèvre supérieure.

ACTION
Le travail de ces muscles symétriques aura pour effet de tendre les sillons naso-géniens et de les atténuer, sur le haut de la lèvre et la pommette inférieure.

MÉTHODE
Face à la glace, «grimacez» en fronçant le nez. La bouche s'entrouvre, la lèvre supérieure se relève, le nez se plisse, et on a tendance à cligner les yeux.

CONSEIL
Faites cet exercice comme si vous «retroussiez les babines».

Répétez-le dix fois devant la glace, en corrigeant bien votre travail.

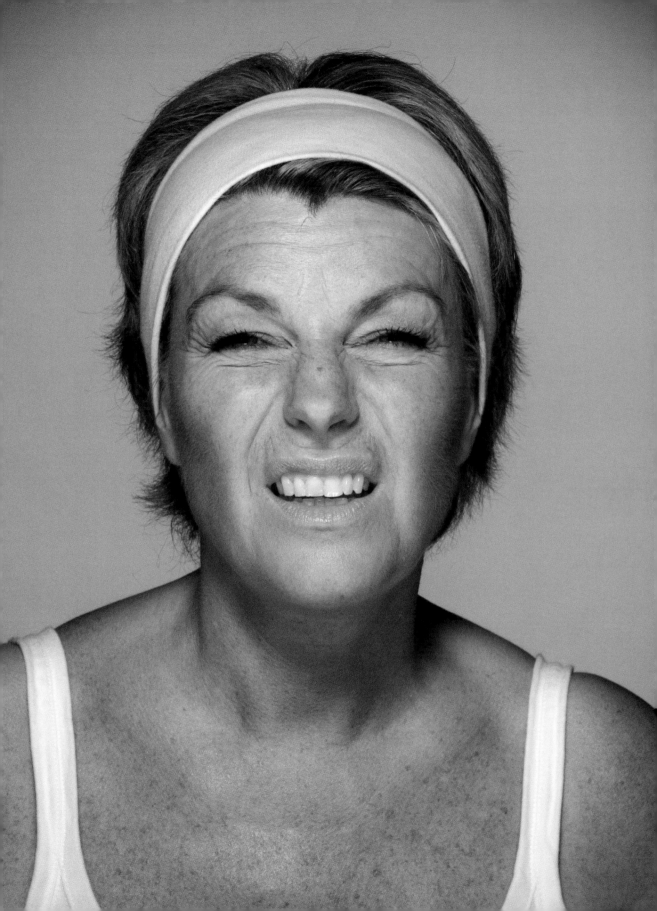

BOUCHE
Élévateurs de l'angle de la bouche

3

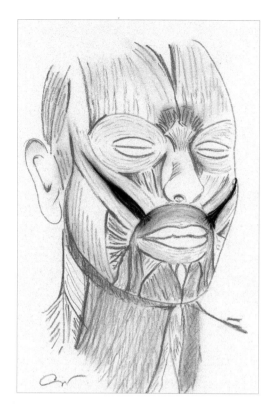

La bouche est la partie centrale du visage et, sans attirer autant l'attention que le regard, elle possède un grand intérêt par la position et la forme. Pour la maintenir dans le meilleur état possible, nous allons exercer les muscles élévateurs de l'angle de la bouche.

ACTION
Le travail de ces petits muscles peut remédier à une bouche triste et tombante.

MÉTHODE
Face à la glace, pressez les lèvres fermées contre les dents et étirez au maximum le sourire.

CONSEIL
Ne vous privez pas de cet exercice facile, car en plus de remonter la bouche, il donne du volume à la lèvre supérieure.

4 SOURIRE
Muscle risorius

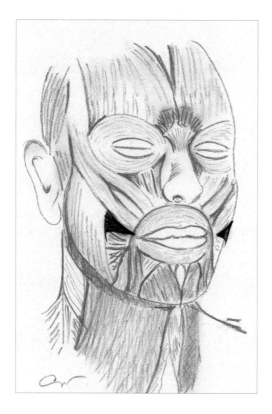

Le risorius est un muscle superficiel des commissures des lèvres qui contribue à l'expression du rire. C'est le muscle du sourire.

ACTION
L'action de ce muscle étire les lèvres et raffermit les joues à l'endroit des fossettes.

MÉTHODE
Souriez en étirant la bouche au maximum vers le haut.

Maintenez la tension, puis relâchez les muscles.

CONSEIL
Faites cet exercice dix fois.

Ne craignez pas la tension exercée sur les lèvres.

5 JOUES ET POMMETTES SUPÉRIEURES
Muscles masséters

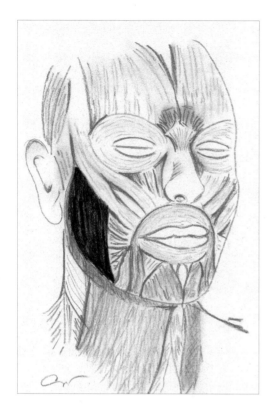

Les puissants masséters et buccinateurs sont les muscles de la mastication.

ACTION
Ces muscles s'activent quand vous serrez la mâchoire. Comme ils soutiennent la partie médiane de la face, ils sont très importants dans l'architecture du visage.

MÉTHODE
Serrez fortement les dents du bas contre les dents du haut, puis relâchez la pression. Ou faites comme si vous mâchiez un gros chewing-gum.

CONSEIL
Vos doigts appuyés sur le haut de la mâchoire vous permettront de vous rendre compte du travail de ces muscles et de leur puissance.

Répétez l'exercice dix fois.

LE HAUT DU VISAGE

LE HAUT DU VISAGE est structuré par de grands muscles qui tendent le cuir chevelu et enveloppent les os du crâne. Les plus importants de ces muscles sont les temporaux et les frontaux qui soutiennent une partie de la face et la région des yeux et des tempes.

Quant aux orbiculaires des paupières, au procérus et aux corrugateurs des sourcils, ils aident à lisser le tour de l'œil et à éviter les rides profondes entre les sourcils.

Pour les exercices de ce chapitre, nous nous servirons de la pulpe des doigts pour empêcher la peau fragile de plisser sous l'effet du travail musculaire, notamment tout autour de l'œil.

Le développement du haut du visage permettra de soutenir la peau du front et des tempes, ce qui est indispensable à la tonicité de l'ensemble de nos traits.

Il est à noter que ces exercices ne sont pas les plus simples à pratiquer, car la peau du front, collée contre les muscles épicrâniens, est peu mobile. Soyez donc patient et répétez souvent ces exercices.

1 FRONT
Muscle occipito-frontal

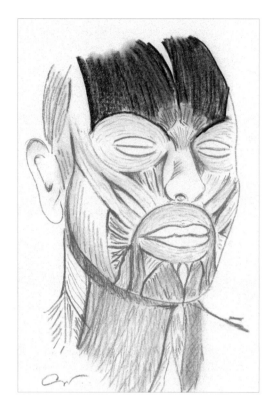

Le muscle occipito-frontal recouvre la voûte crânienne. Sa portion frontale est appelée «muscle frontal».

ACTION
Plus ce muscle sera fort, plus le front sera lisse et ferme. De plus, cet exercice musclera toute la région supérieure de la face: front, tempes et tour des yeux.

MÉTHODE
Face à la glace, épaules détendues, fixez du regard le haut du crâne et tentez de faire bouger les muscles du front et du cuir chevelu.

Le muscle occipito-frontal entre d'abord en action, puis le temporal est stimulé.

Correctement exécuté, cet exercice entraîne les oreilles vers l'arrière.

CONSEIL
Faites plusieurs fois cet important exercice afin de bien en maîtriser la technique.

ARCADES SOURCILIÈRES
Muscles corrugateurs des sourcils

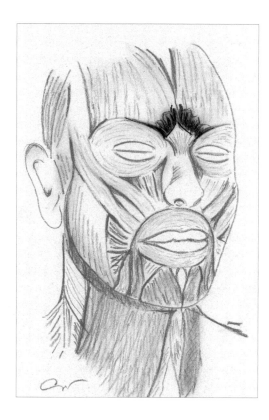

L'espace entre les yeux révèle aussi la jeunesse d'un visage.

Les petits muscles en éventail, les corrugateurs des sourcils, jouent un rôle important dans la ride dite du lion.

ACTION
L'exercice de ce muscle tendra la région entre les arcades sourcilières.

MÉTHODE
Face à la glace, observez la région entre les sourcils et tentez de rapprocher ces derniers l'un de l'autre, comme si vous étiez fâché.

De la pulpe du majeur, retenez la peau pour éviter qu'elle ne se marque au point de travail du muscle.

CONSEIL
Faites cet exercice dix fois. Ensuite, prenez bien soin de lisser la peau entre les yeux pour détendre la zone qui a été sollicitée.

Cet exercice est indispensable pour donner du tonus à cette région du visage qui se marque très vite.

3 CONTOUR DE L'ŒIL
Muscles orbiculaires des paupières

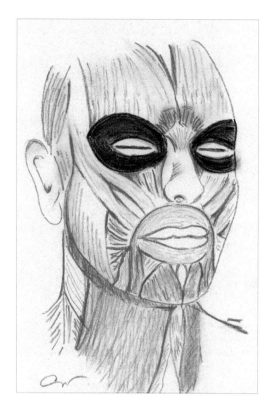

Tout autour de l'œil se trouvent les muscles orbiculaires des paupières.

ACTION
Ces muscles en forme de cercle cernent l'œil et assurent le soutien des paupières inférieures et supérieures. Leur contraction détermine l'occlusion de l'œil. Il est donc très important de les solliciter pour améliorer l'aspect du contour de l'œil et pour tenter d'éliminer les pattes d'oie.

MÉTHODE
Ouvrez et fermez les paupières, tout simplement, mais, ce faisant, prenez conscience du mouvement.

Ensuite, serrez les paupières, d'abord doucement, puis de manière plus appuyée. À ce moment, vous ressentirez une tension au coin externe de l'œil, là où le travail musculaire est le plus intense.

CONSEIL
Cet exercice n'est pas facile à apprivoiser, car il s'agit d'un automatisme : fermer les yeux.

Pour que cet exercice soit profitable, il faut bien prendre conscience du travail effectué par le muscle.

4 PAUPIÈRES SUPÉRIEURES
Muscle élévateur de la paupière supérieure

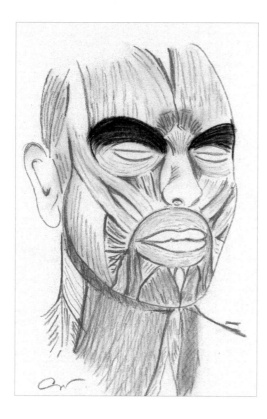

Le long de chaque paupière supérieure se trouve un muscle élévateur. C'est à cet endroit qu'on applique le maquillage qui ombre les paupières.

ACTION
Voici de petits muscles importants, s'il en est! Bien stimulés, ils peuvent empêcher les paupières tombantes.

MÉTHODE
Face à la glace, bien détendue et vigilante, regardez-vous en écarquillant les yeux au maximum. Vous devez apercevoir le blanc de l'œil.

Faites comme si vous vouliez toucher des cils le haut de la paupière.

Maintenez les yeux écarquillés le plus longtemps possible.

CONSEIL
Ne bougez pas la tête, restez immobile. Et persévérez, car ce mouvement n'est pas toujours fait correctement du premier coup.

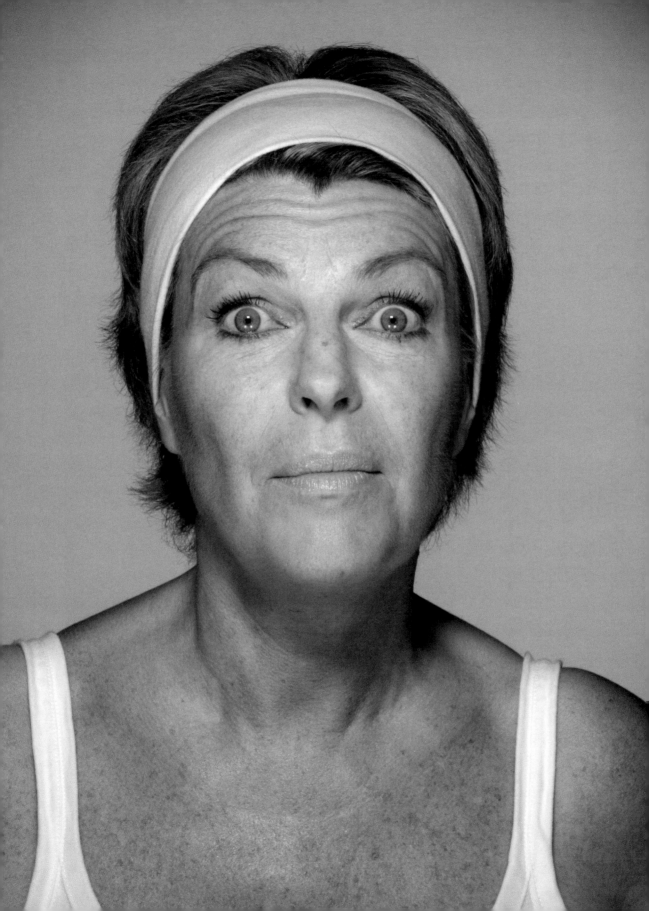

5 PAUPIÈRES INFÉRIEURES
Muscles orbiculaires des paupières

Nous ferons travailler la paupière inférieure, mue par les muscles orbiculaires.

ACTION
Cet exercice, bénéfique pour cette région si fragile que des crèmes spécifiques lui sont destinées, préviendra les poches qui se forment souvent sous les yeux.

MÉTHODE
Face à la glace, faites remonter la paupière inférieure vers le haut de l'œil, comme si vous étiez éblouie par le soleil et que vous fermiez les yeux à demi.

CONSEIL
Cet exercice est très efficace, à la condition de l'exécuter parfaitement bien.

Attention : c'est la paupière inférieure qui se plisse et remonte.

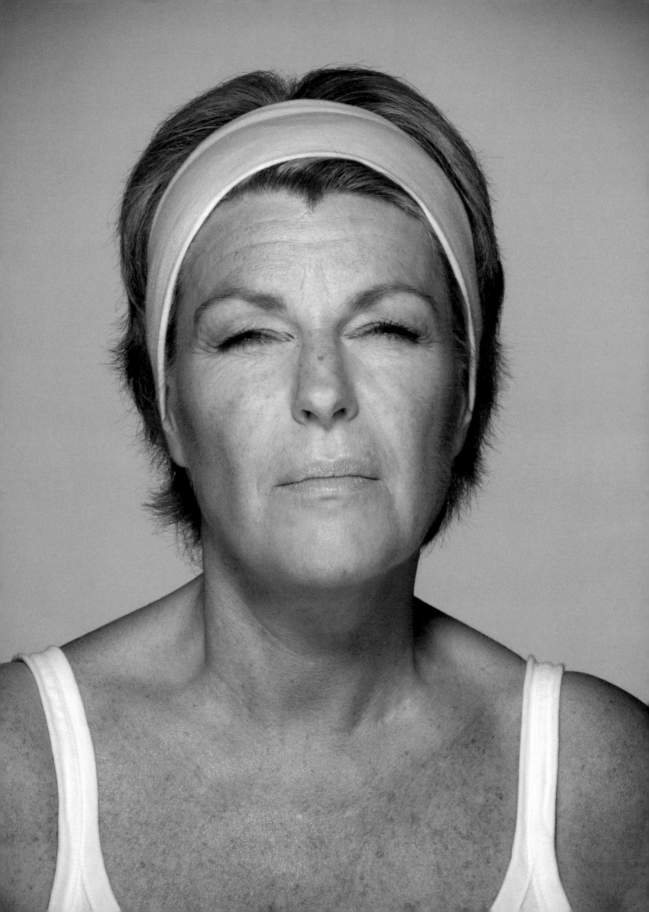

6 TEMPES ET PATTES D'OIE
Muscles temporaux

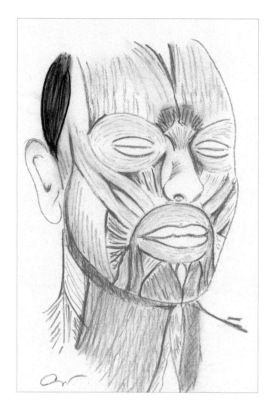

Le muscle temporal, large et puissant, touche l'espace mandibulaire, les coins externes des yeux (les aires comprises entre eux et le cuir chevelu).

ACTION
Le travail de ce muscle permet de tendre la peau au coin des yeux et de lisser la région où peuvent se former les pattes d'oie.

MÉTHODE
Face à la glace, observez bien le haut et le côté du crâne, puis tentez de faire bouger les tempes, en forçant sur le haut de la mâchoire et le côté externe des yeux.

CONSEIL
Exercice difficile, car il est nécessaire de contracter fortement ce muscle qui, à lui seul, structure la partie haute du visage.

Persévérez et vous verrez les résultats au bout d'une dizaine de séances.

7 RIDE DU LION
Muscle procérus

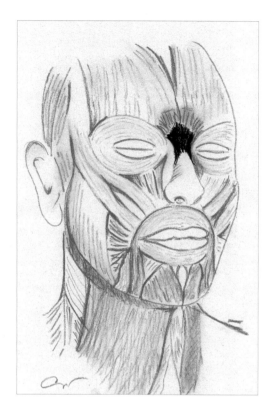

Entre les yeux, à la racine du nez, se trouve un petit muscle puissant : le procérus.

ACTION
Nous stimulerons le procérus pour lisser la fameuse ride du lion.

MÉTHODE
Face à la glace, touchez du majeur la région entre les yeux et soulevez les sourcils. Vous sentirez le procérus se tendre. En fait, c'est exactement là où se posent les lunettes. Il s'agit donc d'essayer de les faire bouger avec l'aide du procérus seulement.

CONSEIL
Appuyez les doigts sur les tempes, de part et d'autre du visage. Si vous faites l'exercice correctement, vous sentirez bouger les paupières.

Persévérez.

Cet exercice relaxant diminuera la tension entre les sourcils.

8 LE SCALP
Muscles temporaux et frontaux

Il s'agit de faire bouger la boîte crânienne à l'aide des puissants muscles frontaux et temporaux.

ACTION
Tout le visage sera mis en mouvement par cet exercice. Tous les traits, y compris l'ovale, les tempes et les oreilles, seront entraînés vers le haut et l'arrière de la tête.

MÉTHODE
Toujours devant la glace, la tête dégagée du cou, les épaules souples, activez tous les muscles dont il a été question dans les précédents exercices.

Ce faisant, repoussez le front vers la ligne des cheveux.

Ces mouvements entraînent aussi les sourcils vers le haut et vous pourrez même, à force de les pratiquer, sentir bouger les oreilles.

CONSEIL
Ne négligez pas cet exercice, car il met en jeu la musculature entière du visage.

Comme les exercices précédents, sa maîtrise n'est pas aisée, mais elle s'acquiert rapidement et vous aidera à soulager les tensions dans la région du crâne.

DEUXIÈME PARTIE

LA PEAU:
QUELQUES NOTIONS ESSENTIELLES

COMPOSÉE de 2000 milliards de cellules, la peau est l'organe le plus important du corps humain. Vivante, elle est à la fois forte et fragile. Forte par ses dimensions, sa capacité à se régénérer, sa souplesse, son élasticité (par exemple durant la grossesse). Mais elle est aussi vulnérable aux agressions comme le soleil, l'alcool, la cigarette, la déshydratation, la faiblesse musculaire, le manque d'hygiène, la chute des hormones et, bien évidemment, le temps qui passe.

La peau se compose de trois couches : l'épiderme, le derme et l'hypoderme.

L'épiderme est la couche superficielle : la surface de la peau. Composé pour l'essentiel de kératinocytes, cellules qui se renouvellent continuellement et qui assurent à la peau ses propriétés d'imperméabilité et de protection. Les kératinocytes viennent mourir à la surface de la peau en se desquamant, formant une couche cornée plus ou moins épaisse selon les régions du corps (plus épaisse sur la plante des pieds que sur les paupières).

Le derme est un tissu conjonctif bien vascularisé et très riche en fibres de collagène et d'élastine. Il s'agit d'une véritable assise pour l'épiderme dont le vieillissement est à l'origine de l'apparition des rides. Le derme porte aussi des terminaisons nerveuses grâce auxquelles nous sommes sensibles au toucher, au froid, à la chaleur et à la douleur.

L'hypoderme est la couche la plus profonde de la peau, moins épaisse que le derme, mais richement vascularisée. L'hypoderme sert d'interface entre le derme et les structures mobiles situées sous lui, comme les muscles et les tendons. C'est dans l'hypoderme que se trouvent les cellules adipeuses responsables de la cellulite.

Comme on le voit, la qualité de toutes les couches formant la peau est importante dans l'apparence du visage. Si la peau est altérée, elle accusera plus vite les marques du temps. Elle s'affaissera, se détendra à des endroits fatidiques (comme l'ovale du visage), se plissera à la hauteur du cou, se marquera autour des lèvres et des yeux, se creusera entre les sourcils, etc.

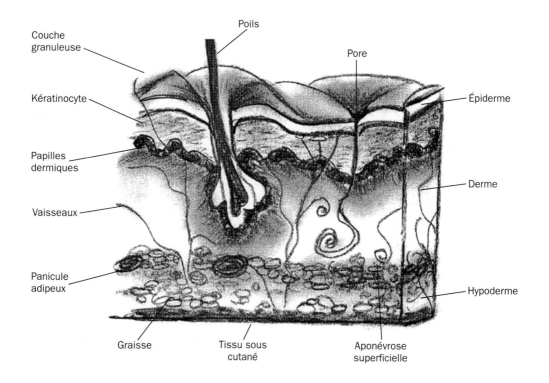

Couche granuleuse
Poils
Pore
Kératinocyte
Épiderme
Papilles dermiques
Derme
Vaisseaux
Panicule adipeux
Hypoderme
Graisse
Tissu sous cutané
Aponévrose superficielle

En outre, avec le temps, les cellules de la peau se renouvellent moins vite ; le derme s'amincit et perd son élasticité ; les fibres de collagène deviennent plus lâches et la peau se dessèche ; et puis les muscles perdent leur tonus et ne font plus leur travail de soutien et d'aide à la vascularisation.

LES DIFFÉRENTS TYPES DE PEAU

Tonifier les muscles par la gymnastique faciale entraînera à n'importe quel âge, quel que soit le type de peau, un raffermissement du visage, une amélioration du grain et une régulation du sébum.

Il existe trois types de peau : sèche, grasse, mixte.

La *peau sèche* est très fine. Elle peut être atone, terne et sensible aux variations de la température. Elle rougit facilement, devient couperosée, et elle a tendance à se marquer prématurément si on ne la soigne pas adéquatement.

Plus que les autres types de peau, la peau sèche profitera de la gymnastique des muscles du visage. En effet, l'exercice des muscles de soutien revascularisera le derme de cette peau en mal d'hydratation, reconstruira et renforcera les fibres de collagène qui lui manquent, enrayera la perte de matière. Les bénéfices de la gymnastique faciale sur ce type de peau apparaîtront rapidement et seront spectaculaires.

La *peau grasse* est plus épaisse, son derme est plus riche en cellules adipeuses et elle a la fâcheuse tendance à luire du fait de l'excès de gras. Ses pores dilatés favorisent les comédons, boutons et autres désagréments. Sa vulnérabilité à l'acné peut persister même après l'adolescence. C'est une peau dont il faut prendre soin, mais pas exagérément, pour ne pas trop stimuler les glandes sébacées pourtant nécessaires à sa souplesse.

La gymnastique faciale favorisera la vascularisation qui drainera l'excès de sébum. Les exercices assoupliront la peau grasse, dont le derme plus épais a tendance à durcir. Et un meilleur soutien des muscles lui apportera de l'éclat, améliorera le grain et permettra de reconstruire le visage là où la peau commençait à se figer.

La *peau mixte* est sèche à certains endroits (par exemple les joues et le tour des yeux), grasse à d'autres, comme le nez (d'où la présence de points noirs), le menton, le front ou la partie médiane du visage. La différence de qualité du derme selon les régions du visage cause une rupture de comblement plus perceptible et plus difficile à gérer.

La gymnastique faciale est excellente pour les peaux mixtes, puisqu'elle amoindrira les différences d'épaisseur et de tonus des différentes parties du visage, drainera l'excédent de gras et réhydratera les zones moins vascularisées.

LE VIEILLISSEMENT DE LA PEAU : LA RIDE

Comme tous les autres organes du corps, la peau est soumise au vieillissement. Le problème, c'est que l'altération des tissus se voit au premier coup d'œil ! Les premiers signes du vieillissement cutané sont les *rides*. Celles-ci sont causées par l'âge, mais aussi par les mouvements du visage, les expressions faciales répétitives et inconscientes.

Avec le temps, la peau perd son élasticité et se marque un peu partout, là où le collagène et le tissu conjonctif s'amenuisent, entraînant le relâchement des tissus et l'apparition de la ride. De plus, la peau se régénère moins bien. Par exemple, à cinquante ans, la peau se renouvelle deux fois moins vite qu'à vingt ans. Elle est moins épaisse, moins irriguée, et sous l'effet de la pesanteur et du relâchement musculaire la peau du visage s'affaisse. Des bajoues se forment, le cou se distend, les paupières tombent.

Au niveau du derme, les fibroblastes s'activent et les fibres d'élastine qui se multiplient anarchiquement sont de très mauvaise qualité, s'épaississent et se creusent. Le collagène diminue et n'assure plus son rôle de ciment entre les cellules.

À ce stade, le travail des muscles améliorera la vascularisation des tissus et entraînera un renouvellement cellulaire notable.

LES HORMONES ET LA PEAU

La peau vieillissante souffre aussi de la détérioration générale du corps et des organes vitaux. Les artères se bouchent, le mauvais cholestérol les tapisse, et les cellules meurent peu à peu faute d'oxygénation, par exemple dans le cerveau.

La production d'hormones diminue, dont celles qui stimulaient le renouvellement cellulaire (DHEA, mélatonine), ce qui entraîne la diminution des fonctions cellulaires, tissulaires et organiques.

La présence des radicaux libres en plus grand nombre est aussi une cause importante du vieillissement cutané. Ces substances endommagent les membranes cellulaires et les fibres de collagène et d'élastine.

Pour préserver un état satisfaisant de la peau, il faut donc à tout prix réduire le déficit en hormones et éviter les oxydants (soleil, alcool, stress). Les vitamines, oméga-3, hormones naturelles et antioxydants peuvent restaurer le collagène, réhydrater les cellules et repousser les diverses agressions extérieures. Avec un tel soutien, la gymnastique faciale aura le maximum d'efficacité.

LA PEAU ET LES CRÈMES DE SOINS

Une bonne hydratation de tous les types de peau est indispensable au maintien de sa qualité. Soignée adéquatement, la peau sera mieux armée pour faire face aux agressions externes (ultraviolets, variations climatiques, pollution) et internes (stress, fatigue, alcool, tabac), mais aussi aux outrages du temps.

Les crèmes de soins peuvent améliorer la protection de la peau en favorisant son hydratation ou en reconstituant la barrière lipidique. Constituées d'un mélange d'eau, de corps gras et de divers principes actifs, comme les vitamines et les oligoéléments, ces crèmes peuvent rendre la peau saine et éclatante.

Les crèmes capables de franchir la barrière cutanée font l'objet d'un brevet spécial. Leur efficacité doit être prouvée en laboratoire, puis *in vivo*. Ces produits, délivrés sur ordonnance, sont prescrits par les dermatologues.

D'autres crèmes traiteront plutôt la surface de la peau. Elles la nourriront, l'hydrateront, favoriseront la desquamation des cellules mortes (les kératinocytes). Certaines feront un peeling superficiel et auront un effet de lissage plus ou moins instantané ou durable. En stimulant les vaisseaux capillaires qui irriguent la surface de l'épiderme, ces crèmes aideront la peau à retrouver son éclat et sa souplesse.

LES ENNEMIS DE LA PEAU

Au fil des années, les ennemis de la peau multiplient leurs attaques. Il nous appartient de les connaître pour mieux les combattre. Parmi ces pires ennemis, il y a les *radicaux libres*. Ces petites molécules endommagent les cellules et leur action est aggravée par l'oxydation cellulaire. Les grands responsables de cette oxydation sont la pollution, le stress, le tabac et les rayons ultraviolets.

Pour lutter contre les radicaux libres, l'organisme dispose heureusement d'antioxydants. Certains sont fabriqués naturellement mais, face au vieillissement, il est nécessaire de recourir à d'autres antioxydants par l'alimentation. Il est donc primordial de consommer beaucoup de fruits et de légumes, puisqu'une carence en antioxydants favorisera le vieillissement de la peau. Si votre alimentation est inadéquate, vous pourrez recourir aux «suppléments alimentaires».

Les antioxydants les plus importants sont les vitamines A, C et E, et les oméga-3 et 6.

On trouve la vitamine A principalement dans les produits laitiers (beurre, œufs, fromage) et le bêtacarotène. Elle facilite la croissance des cellules de la peau. Ajoutée à la vitamine C, elle participe à la synthèse du collagène qui soutient la peau.

La vitamine C, vitamine par excellence de la peau, est indispensable à la formation du collagène. On la trouve principalement dans les agrumes. La vitamine C est aussi excellente contre la fatigue.

La vitamine E aide à lutter contre les agressions extérieures, comme les ultraviolets. On la trouve dans les huiles de colza et de sésame, les noix et certains fruits secs. Alliée à la vitamine C, elle peut retarder le vieillissement de la peau. De nombreuses crèmes en contiennent, car sa molécule franchit la barrière cutanée. Et son action antiride est reconnue.

Les oméga-3 et 6 sont des acides gras essentiels à notre corps, qui ne sont apportés que par l'alimentation. Indispensables à l'hydratation et à la souplesse de la peau, ils participent à l'oxygénation des vaisseaux sanguins et nous protègent contre les accidents vasculaires (oméga-3). Ils sont présents en grande quantité dans la viande et certains poissons (oméga-6).

On l'a compris, les antioxydants sont très importants, car ils enrayent l'oxydation des acides gras essentiels au maintien d'une belle peau.

Pour avoir une belle peau et la conserver, il s'agit de combiner les soins qu'on peut lui apporter, lutter contre les radicaux libres et entretenir la tonicité des muscles du visage.

L'AUTOMASSAGE

Nous savons maintenant comment entretenir notre peau, tonifier les muscles sous-jacents et la soigner de l'intérieur.

Nous pouvons ajouter à cela quelques mouvements de massage facial. L'automassage stimulera lui aussi la microcirculation cutanée et drainera les vaisseaux lymphatiques. Par des mouvements de lissage de la peau, avec l'aide de la pulpe d'un ou de plusieurs doigts, nous dénouerons nos crispations, feront pénétrer les crèmes et soulagerons les tensions inopportunes.

ÉCHAUFFEMENT

Avant de pratiquer le massage, il faut le préparer par des exercices d'échauffement.

- Pincez d'abord superficiellement la peau du visage entre le pouce et l'index, en agissant par petits déplacements successifs de l'intérieur vers l'extérieur. Commencez au bas du visage, sous le menton : les deux pouces se rejoignent au milieu, puis, de pincement en pincement, glissez vers le lobe des oreilles.

- Refaites cet exercice une dizaine de fois.

- Ensuite, pincez la peau tout le long des arcades sourcilières, des coins internes de l'œil jusqu'aux tempes.

LE MASSAGE

Ainsi préparée, la peau du visage sera parfaitement réceptive aux massages faciaux décrits ci-dessous.

- Les mains sous le menton, ouvertes en coupe, laissez reposer le visage quelques instants, puis, par un mouvement de rotation de la pulpe des doigts, remontez le long du nez vers les yeux, puis autour des yeux, et redescendez le long de la mâchoire.

- Mains sur les globes oculaires, sans forcer, effectuez de petits mouvements de lissage en remontant sur les arcades jusqu'aux tempes, sans relâcher la pression.

- Les mains jointes au milieu du front, écartez-les par une série de légères pressions jusqu'aux tempes.

- Les mains jointes à la base du nez, remontez vers la racine des cheveux, au milieu du front, puis faites de légères pressions glissantes de chaque côté, vers l'extérieur.

- À l'angle externe de l'œil, de chaque côté, appliquez une légère pression pendant quelques secondes, puis glissez les doigts vers les tempes.

- Des tempes, descendez par petites pressions successives vers le bas des lobes d'oreilles.

- Aux ailes du nez, recherchez les points d'acupuncture (que l'on devine par la sensation de creux), puis descendez vers les commissures des lèvres et les angles extérieurs du menton.

- Toujours à partir des narines, lissez vers les lobes d'oreilles.

- Sous la lèvre inférieure, au milieu, joignez les doigts, puis écartez-les vers l'extérieur du visage.

- À partir de la lèvre supérieure, sous le nez, descendez par petites pressions glissantes vers les commissures et le bas extérieur du menton.

- Les pouces de part et d'autre du visage, à la hauteur des lobes d'oreilles, les index et les majeurs appuyés sur les tempes, effectuez des séries de petites pressions et lissez la peau vers l'extérieur dans le cuir chevelu.

- Les mains de part et d'autre des joues, tapotez en remontant vers les tempes.

- De la même manière, faites une série de tapotements sous le menton, vers les oreilles.

Tous ces exercices sont fantastiques pour détendre le visage et activer la circulation, vous en sentirez rapidement les bienfaits. Joints aux soins du visage et à une alimentation équilibrée, ils compléteront à merveille vos exercices de gymnastique faciale.

LA GYMNASTIQUE FACIALE ET L'HOMME

Nous avons vu tous les bienfaits de la gymnastique faciale contre le vieillissement du visage. Les hommes peuvent aussi tirer profit de ces exercices car, physiologiquement et structurellement, leur peau est comparable à celle des femmes, à quelques différences près. Par exemple, la peau de l'homme est plus épaisse. Elle est aussi plus grasse, du fait des hormones mâles, les androgènes, qui augmentent la sécrétion des glandes sébacées. C'est pour cette raison que les hommes ont souvent les pores dilatés et qu'ils sont plus sujets à l'acné.

En revanche, cette peau plus épaisse et plus grasse a l'avantage d'être plus acide et plus riche en collagène, ce qui ralentit son vieillissement. Les hommes finissent tout de même par rattraper les femmes sur ce plan, et dès que le processus inéluctable du vieillissement s'est déclenché, la peau masculine se creuse plus vite et plus profondément, donnant à certains visages un aspect buriné, et les agressions comme les ultraviolets, la pollution, le tabac, l'alcool, le rasage quotidien et la négligence accélèrent ce phénomène.

Voilà pourquoi les exercices de musculation du visage seront grandement bénéfiques chez l'homme comme chez la femme, d'autant plus que les muscles de l'homme (toujours grâce aux androgènes) sont prompts à répondre aux stimulations.

Donc, messieurs, n'hésitez pas à recourir aux exercices décrits dans cet ouvrage. Je connais certains acteurs qui ne s'en privent pas et qui conservent un visage structuré et tonique, ce qui fait dire à leurs admirateurs que le temps n'a pas de prise sur eux !

MES CONSEILS

Depuis deux ans, je pratique ces exercices avec un franc succès et une satisfaction jubilatoire. Je souhaite que vous en soyez tout aussi contente que moi.

Vous pouvez vous aider avec la pulpe de vos doigts, ce que je ne fais que pour certains exercices, principalement ceux qui concernent le tour de l'œil ou la ride du lion, mais vous pouvez le faire pour tous les exercices. Dans ce cas, vos doigts empêcheront la ride de se former, et n'empêcheront pas le mouvement du muscle.

L'expérience m'a appris que la ride ne se forme que si la peau n'est pas soutenue par les fibres musculaires. Or, c'est précisément ce que nous cherchons à obtenir par la gymnastique faciale : renforcer les muscles aux endroits sensibles, là où la ride a tendance à se creuser.

Correctement préparée et stimulée, la peau sera plus réceptive à vos soins et vous apprécierez davantage les traitements prescrits par votre dermatologue ou ceux prodigués dans les instituts de beauté.

N'hésitez pas à pratiquer vos mouvements plusieurs fois par jour : c'est sans risque, et tellement spectaculaire !

Une femme d'une cinquantaine d'années est entrée un jour dans mon cours de gym, une belle femme au visage tonique et sans rides. Elle rentrait du Brésil où on l'avait initiée à des exercices de musculation du visage qui, affirmait-elle, avaient changé sa vie.

Je ne sais pas si cette méthode changera votre vie, mais je suis certaine que vous en serez très satisfaite et qu'il vous procurera de multiples bienfaits, et ce, le plus naturellement du monde.

CONCLUSION

COMME cette méthode le prouve, il n'est pas si difficile de conserver ou d'entretenir une belle peau et un ovale de visage satisfaisant. Et il est réconfortant de savoir que nous pouvons améliorer notre beauté physique par la gymnastique faciale.

Il suffit de cinq minutes par jour, le matin chez soi, ou encore en voiture, à tout moment de la journée. Cette technique sans contrainte, qui n'exige que de la persévérance, portera des fruits, auxquels vous ne vous attendez pas.

Aucun appareil barbare ni aucun traitement coûteux et risqué ne sont nécessaires. Nous travaillons tout simplement avec les muscles qui architecturent le visage, ceux dont la nature nous a pourvus.

Entretenir ainsi les muscles du visage est une source de plaisir et de satisfaction, au même titre que la stimulation de l'esprit. Et j'oserais dire que l'un ne va pas sans l'autre, ou à tout le moins que l'un n'exclut pas l'autre.

En tant qu'être humain, nous avons conscience de notre apparence physique. Le corps est un cadeau de la nature et nous devons le cultiver et le soigner. C'est une question de respect de soi, et heureusement nous avons les moyens de nous acquitter de cette responsabilité.

Faire cette série de mouvements faciaux tous les matins n'a rien de fastidieux, bien au contraire. Vous ne tarderez pas à y trouver du plaisir. D'autant que les résultats seront spectaculaires, à tel point que vos proches vous diront: «Tu as une mine superbe!» Ou: «Quel est ton secret?» Des remarques que nous, les femmes, sommes ravies d'entendre.

À tout âge et sur tous les types de peau, cette méthode est efficace. On la prescrit même dans certains cas de chirurgie réparatrice, pour remuscler une partie du visage endommagé. Bien évidemment, la gymnastique faciale est davantage recommandée aux femmes matures. À l'âge où notre pouvoir de séduction peut parfois être remis en cause, où le moral est souvent atteint par les chutes hormonales, il est rassurant de pouvoir redonner à nos traits la tonicité et la fermeté qu'ils commençaient à perdre.

Le but de cette méthode est de vous aider à retrouver un visage épanoui, plein, moins ridé, qui puisse vous faire dire, en souriant, que «la chirurgie peut attendre»!

BIBLIOGRAPHIE

BENZ, Reinhold. *Face Building,* Sterling, 1991.

GREEN, John. *Human Anatomy* in Full Color, Dover, 1996.

HUU, N. et H. PERSON. *Nouveaux dossiers d'anatomie,* Heures de France, 1999.

KAMINA, Pierre. *Précis d'anatomie clinique: Tome 2,* Maloine, 2004.

MAGGIO, Carole. *Facercise,* Penguin, 2002.

PUTZ, R. et R. PABST. *Atlas d'anatomie humaine: Tome 1,* Éditions médicales internationales, 2000.

REMERCIEMENTS

À mon mari qui m'a encouragée et
soutenue dans ce travail.

À mes amies qui m'offrent
leur confiance.

À mes filles et à mes belles-filles qui ont
apporté à ce livre les corrections
nécessaires.

À toute l'équipe du Studio Harcourt
pour leur professionnalisme et leur
gentillesse, et principalement à mon
amie Anne Marie De Montcalm.

Dans la même collection

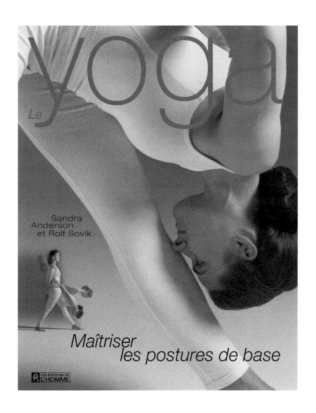

Le yoga

Sandra
Anderson
et Rolf Sovik

Maîtriser
les postures de base

LES ÉDITIONS DE
L'HOMME

Martine Giammarinaro et Dominique Lamure

yogito

un yoga
pour l'enfant

LES ÉDITIONS DE
L'HOMME

Le mass thaïlandais

Maria Mercati

Se relaxer et
atteindre un équilibre
énergétique

LES ÉDITIONS DE
L'HOMME

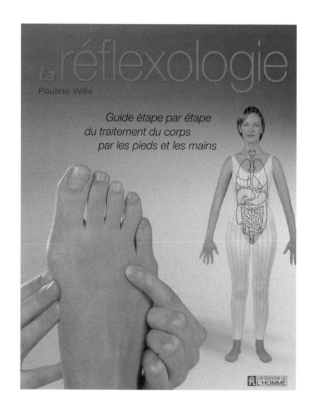

La réflexologie

Pauline Wills

Guide étape par étape
du traitement du corps
par les pieds et les mains

LES ÉDITIONS DE
L'HOMME

Richard Brennan

La technique
Alexander

Maîtrisez
votre posture et votre vie

LES ÉDITIONS DE
L'HOMME

Le **flex-appeal**

Kathy Smith

Soyez belle et
sexy à tout âge

LES ÉDITIONS DE L'HOMME

Le **body-rolling**

Yamuna Zake et Stephanie Golden

La méthode
révolutionnaire
pour raffermir,
assouplir et
réaligner le corps

LES ÉDITIONS DE L'HOMME

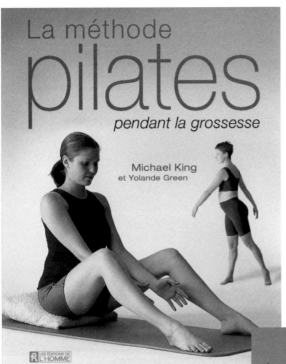

La méthode
pilates
pendant la grossesse

Michael King
et Yolande Green

LES ÉDITIONS DE
L'HOMME

Diane Daigneault

bouger bébé
avec

LES ÉDITIONS DE
L'HOMME

Achevé d'imprimer au Canada
sur les presses de Quebecor World